STEM创新教育系列

小学生
学人工智能

范瑞峰 编著

U0299837

人民邮电出版社

北京

图书在版编目（CIP）数据

小学生学人工智能 / 范瑞峰编著. -- 北京 ：人民
邮电出版社，2019.9
（STEM创新教育系列）
ISBN 978-7-115-51304-5

Ⅰ．①小… Ⅱ．①范… Ⅲ．①人工智能—少儿读物
Ⅳ．①TP18-49

中国版本图书馆CIP数据核字(2019)第179382号

◆ 编　著　范瑞峰
　　责任编辑　李永涛
　　责任印制　马振武

◆ 人民邮电出版社出版发行　　北京市丰台区成寿寺路 11 号
　邮编　100164　电子邮件　315@ptpress.com.cn
　网址　http://www.ptpress.com.cn
　固安县铭成印刷有限公司印刷

◆ 开本：690×970　1/16
　印张：7.5　　　　　　　　2019 年 9 月第 1 版
　字数：64 千字　　　　　　2024 年 12 月河北第 16 次印刷

定价：39.80 元

读者服务热线：(010)81055410　印装质量热线：(010)81055316
反盗版热线：(010)81055315
广告经营许可证：京东市监广登字20170147号

内容提要

  随着计算科学的快速发展，人工智能已为我们大家熟知。2017 年国务院正式印发《新一代人工智能发展规划》，明确了人工智能的国家战略地位，关于人工智能的科普、技术普及读物也已出现，但符合少年儿童认知的人工智能科普读物却一直是个空白。本书是面向少年儿童的人工智能科普读物，用轻松有趣的笔触和明确简洁的形式介绍人工智能的历史、现状及未来。

  本书写给 6 岁以上、13 岁以下的青少年读者，深入浅出地介绍了人工智能的发展历史、人工智能的主要研究方向、技术实现流程及人工智能与未来社会的关系探索等。本书从科普和青少年教育的角度出发，培养孩子们对人工智能乃至新科技的认知，目的是让孩子们了解人工智能知识，建立正确的科技价值观和科学的方法论，为将来人工智能的研究和应用做好准备。

编委会

前言

从 2017 年起，全社会掀起人工智能的讨论热潮，尽管不能明确地预言它会带来什么，但我们都还记得蒸汽机、电力及计算机和互联网引发的技术革命，想必人工智能的发展也会让世界发生天翻地覆的变化。

随着人工智能的大讨论和大应用，如何让少年儿童了解人工智能也被提到了日程上。然而人工智能的核心是高等数学和统计学，逻辑和算法问题相当复杂，怎样让少年儿童以符合其认知特点的方式了解人工智能知识，成为摆在科普和教育工作者面前的巨大难题。

乐智人工智能教育研究院结合长期开展中小学人工智能教育的经验，与专业人工智能教育机构百度云智学院、青少年人工智能技术标准制定委员会联合撰写了这本人工智能青少年科普书，用活泼的形式和风趣的语言介绍人工智能的历史、应用、原理及未来，让孩子们在轻松的氛围中了解人工智能、理解人工智能，为打开未来世界的大门做好准备。

范瑞峰

2019 年 3 月 26 日

目 录

一 你好，我是人工智能

小朋友们应该看过"钢铁侠"系列电影，主角托尼·斯塔克身穿钢铁战衣，在电子管家——贾维斯的帮助下，以超级英雄的身份维护着世界和平。电影中五花八门的高科技产品让我们十分向往，高科技难道真的离我们的日常生活很远吗？其实不然，高科技早已渗透我们的日常生活，为我们带来便利，它就是大名鼎鼎的人工智能。

简单来说，人工智能（AI）就是让机器代替人类思考并做一些原本只有人类才能完成的任务。

人脸识别解锁◄

►无人驾驶汽车

扫地机器人做家务◄

►文字识别提取信息

20 世纪 50 年代，几位著名的科学家召开了一次学术讨论会议，他们从不同的角度探讨如何用机器来模仿人类学习及其他方面的智能，并首次提出了"人工智能"这一术语。由于会议是在美国达特茅斯学院召开的，所以这次会议被称为**达特茅斯会议**。在这次会议之后人工智能作为一门学科正式诞生。

人工智能的发展可以说是一波三折。

20 世纪 50 ~ 70 年代是人工智能发展的黄金年代。

20 世纪 70 ～ 80 年代，由于当时的计算机内存和处理速度有限，使得人工智能进入了低谷。

1980 年，日本启动了第五代计算机系统（FGCS）项目，英国、美国也纷纷效仿，开始向 AI 和信息技术领域的研究提供大量资金，1980 年～ 1987 年是人工智能的繁荣期。

1987 年～ 1993 年，人工智能再次走入低谷，发展缓慢，这一阶段人工智能发展举步不前，被称为是人工智能的寒冬。

1993 年至今，人工智能迎来了真正的春天。1997 年，计算机"深蓝"战胜国际象棋世界冠军。2011 年研究者开

"深蓝"战胜国际象棋冠军

发出使用人类语言回答问题的人工智能程序。

2016 年，AlphaGo 战胜围棋世界冠军李世石。人工智能从此成为热门的话题之一。

AlphaGo 战胜各路围棋高手

人工智能包括很多分支学科，例如，语音合成、语音识别、自然语言处理、专家系统、无人驾驶等。它广泛应用于各个领域，现实生活中几乎每个人都会有机会接触人工智能，无聊时给你讲故事的 Siri，微信里的语音转换为文字，扫脸登录支付宝，商场里的智能导购等，都是人工

智能在生活中的应用。

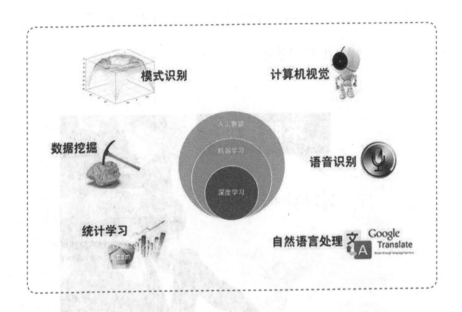

　　总之，人工智能就是通过研究人类智能活动的规律，应用计算机的软硬件来模拟人类某些智能行为的基本理论、方法和技术，构造具有一定智能的人工系统，让计算机去解放人类的体力、脑力劳动。

二 机器如何“测智商”

人工智能可以使机器获得和人类类似的智能，人类可以通过做测试得知自己有多聪明，机器也可以，判断机器是否拥有类似人类智能的方法叫作“图灵测试”。

图灵测试（The Turing test）由艾伦·麦席森·图灵发明，指测试者与被测试者（被测试者是一个人和一台机器）隔

开的情况下，测试者通过一些装置（如键盘）向被测试者（人和机器）进行提问。多次提问后，如果测试者不能确定出被测试者是人还是机器，那么这台机器就通过了测试，被认为具有人类智能。

1950 年，图灵发表了一篇划时代的论文，文中预言了创造出具有真正智能的机器是可能的。并进一步预测称，到 2000 年，人类应该可以制造出可以在 5 分钟的问答中骗过 30% 成年人的人工智能，这也就是图灵测试的雏形。

1952 年，在一次英国广播公司的广播中，图灵谈到了

艾伦·麦席森·图灵

"We can only see a short
distance ahead, but we can
see plenty there that needs
to be done."

~ Alan Turing
the father of modern computer science

一个新的具体想法：让计算机来冒充人。如果超过 30% 的裁判误以为和自己说话的是人而非计算机，那就算作成功了。

美国科学家兼慈善家休·罗布纳 20 世纪 90 年代初设立人工智能年度比赛，把图灵测试付诸实践。比赛分为金、银、铜三等奖。但是多年来一直没有可以通过图灵测试的机器出现。

2014 年 6 月 8 日，尤金·古斯特曼（一个聊天机器人）

成功地让人类相信它是一个 13 岁的乌克兰男孩，成为有史以来首台通过图灵测试的计算机。这被认为是人工智能发展的一个里程碑事件。

尤金·古斯特曼（一个聊天机器人）

目前，人工智能大致分为 3 大类：弱人工智能、强人工智能、超人工智能。

弱人工智能是专注于解决某一领域问题的人工智能，它们只能完成某一方面的任务，解决一些特定的问题。目前我们见到的所有人工智能都是弱人工智能。

生活中的弱人工智能

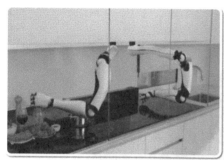

　　强人工智能是真正能推理和解决问题的人工智能，并且这样的机器被认为是有知觉的，有自我意识的。它可以完成任何人类能完成的智力任务，也就是说，你能做的，它都能做。目前并不存在强人工智能，我们离这一目标还有一定的距离。

电影中的强人工智能

　　超人工智能是在各个方面都要远远超越人类的人工智能。

电影中的超人工智能

三 机器会学习吗

　　从呱呱坠地到长大成人，我们通过不断地学习，学会了各种知识和技能。机器也是一样，1952年美国的塞缪尔（机器学习之父）设计了一个下棋程序，这个程序具有学习能力，它可以在不断的对弈中改善自己的棋艺。4年后，这个程序战胜了设计者本人。又过了3年，这个程序战胜了美国一个保持8年常胜不败的冠军。这个程序向人们展示了机器学习的能力，它可以通过学习认识以前并不知道的事物，例如，它可以认识什么是猫什么是狗，并且以后再遇到也可以轻易辨识出来。

　　机器通过学习掌握知识的过程叫作机器学习，它是人工智能的核心，是使计算机具备智能的根本方法，它的应用分布在人工智能的各个领域。1952 年塞缪尔的下棋程序推翻了以往"机器无法超越人类，也无法像人一样学习"的认知，打开了机器学习的大门。

塞缪尔

　　1957 年，出现了感知器模型，它可以让机器表现出智能系统的基本属性。1959 年，感知器模型存在的问题暴露出来，从此陷入了长达十多年的停滞。之后又涌现出各种机器学习的算法，它们都为机器学习的发展做出了贡献。

目前，用得最多的机器学习方法叫作人工神经网络。人工神经网络模仿的是人体中的神经系统。在我们的身体中遍布着神经，它们就像是一条条通道，传递着从大脑下达到身体各个部分的指令，同时也接收着身体各个部分的反馈信号。众多的神经组成一张神经大网，叫作神经网络。人工神经网络就是模仿人体的神经系统进行数据的传递。

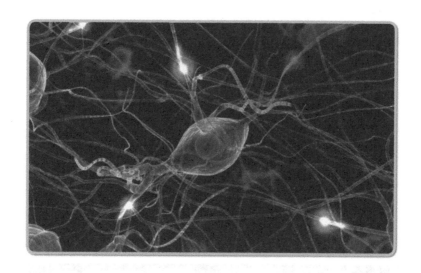

虽然机器并没有完全代替人类，但它们正慢慢渗透到我们的生活中，并为我们的生活与工作提供便利。你会发

现机器学习已经融入生活的方方面面，并且被越来越多的人使用。

监控欺诈行为。机器学习可以用来监控网络上的欺诈行为。人们提供大量欺诈性和非欺诈性交易的例子给计算机，计算机可以从这些数据中发现欺诈性网上交易的共同点，然后会监视每一笔网络上的交易，若发现有欺诈性的特点，则会提醒停止交易。

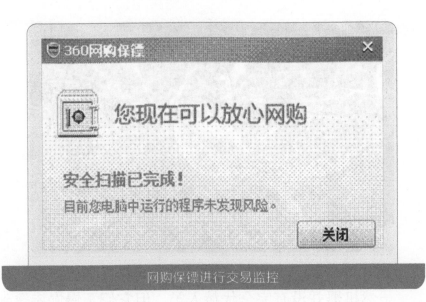
网购保镖进行交易监控

识别垃圾邮件。随着互联网的发展，电子邮箱成为我们生活中不可或缺的一部分，我们每天都会花费时间阅读收到的邮件。越来越多的广告和欺诈信息也混迹在我们的电子邮箱中，一个个地鉴别它们会浪费大量的时间。现在人工智能可以通过邮件中的内容和发件人的信息来为你的邮件分类，将垃圾邮件归到一个指定的类别中，其识别的准确率很高。

垃圾邮件过滤

虚拟个人助理。虚拟个人助理出现在我们的生活中并为我们提供了许多贴心的服务。智能手机配备的手机语音助手可以将语音转换为文字，还可以根据我们的指令直接对手机进行操作。亚马逊凭借它的虚拟助手向智能化迈出

了一步，该助手可以帮助创建待办事项列表，在线订购商品，设置提醒并且回答问题。

亚马逊虚拟助手——alexa

想象一下，一边开车一边享受美餐或阅读小说，看起来只会出现在电影中的场景已经成为可能。谷歌公司的自动驾驶汽车和特斯拉（汽车品牌）的"自动驾驶"功能正在开发中。尽管这些功能并没有正式投入使用，但已经成为无人驾驶技术突破的标志。

四 机器是如何学习的

　　小朋友们上自然课的时候老师会教大家认识各种各样的动物。如果没有老师告诉大家每个动物的名称，小朋友们只能把它们简单地分类，如天上飞的、水里游的、地上跑的，并不知道它们叫什么。机器学习和小朋友学习的过程类似，也有两种方式，告诉它"名称"的学习方式叫作有监督学习，不告诉它"名称"的学习方式叫作无监督学习。

机器是通过数据来学习的，数据是指用来描述客观事物的原始素材。数据可以是声音，也可以是图片，还可以是文字和符号等。数据还有一个属性叫作标签。标签就是这条数据的类别。例如，我们有许多动物的图片，并且每张图片上仅有一只动物，如果我们把这些图片看作是数据，那么图片上动物所对应的学名就是这些数据的标签。

数 据	标 签
	⟶ 老虎
	⟶ 狮子
	⟶ 兔子

有监督学习方法。首先我们会给机器大量的数据，比如蜜蜂的图片，并且告诉计算机这些图片是蜜蜂（也就这些图片的标签）。计算机通过浏览这些蜜蜂的图片就会记住蜜蜂的样子。倘若再给它昆虫的照片它就能轻松地从中分辨出蜜蜂的照片。

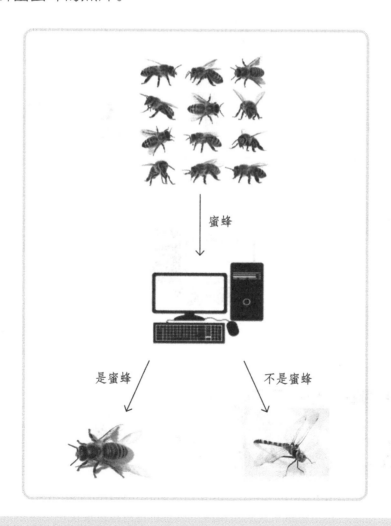

　　无监督学习方法。计算机进行无监督学习时也会得到大量的数据（如动物的图片），与有监督学习方法不同的是计算机不会得到这些数据所对应的标签（即不知道图片上动物的学名）。计算机会在这些图片中找出相似的图片，并将这些图片归为一类（如将鸟的图片放到一起），从而达到分类的目的,但计算机并不知道每一类图片代表什么。

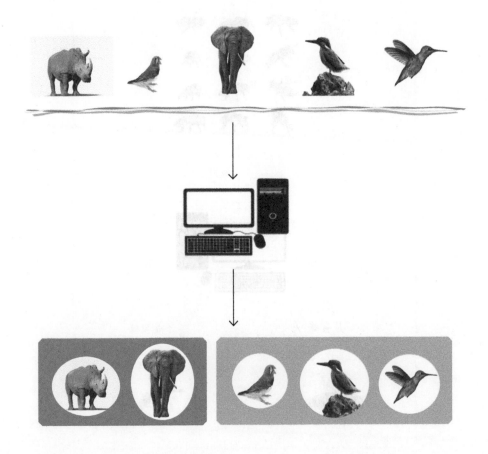

有监督学习和无监督学习的区别就是输入计算机的数据是否带有标签。有监督学习方法在给计算机输入数据的同时还要输入对应的标签，无监督学习给计算机输入数据时没有输入对应的标签。所以有监督学习方法会让计算机"学"得更好，分类的时候更加准确。无监督学习的分类效果不如有监督学习，但是耗费的资源较少，因为给数据添加标签需要耗费大量的人力和物力。

现在阿尔法围棋（AlphaGo）的名字可以说是家喻户晓，它是第一个战胜人类职业围棋选手的人工智能机器人，也是第一个战胜围棋世界冠军的人工智能机器人。

历史上第一个战胜人类棋类世界冠军的人工智能机器人是IBM公司开发的"深蓝"。1997年5月，"深蓝"战胜了国际象棋冠军卡斯帕罗夫，这是计算机第一次击败人类。和国际象棋相比围棋更加复杂：国际象棋平均每回合有35种选择，而围棋每回合则有250种选择，此外，围棋还有手筋、劫争、弃子等战术战略层面的技法，所以围棋一直被认为是人类智力对抗计算机的"最后堡垒"。阿尔法围棋（AlphaGo）却突破了这"最后堡垒"，战胜了世界围棋冠军。现在围棋界公认阿尔法围棋的棋力已经超过人类职业围棋顶尖水平。

你们知道吗？最初版本的阿尔法围棋使用的是有监督学习方法进行自我训练，它使用数百万人类围棋专家的棋谱作为数据来学习。当然，最新版本的阿尔法围棋还使用了其他先进的学习方法，如神经网络和强化学习，使得它的下棋能力比之前更胜一筹。

五　会说话的人工智能

　　"说话"是人类特有的能力，语言是我们交流所需的工具。随着科学技术的发展，"说话"不再是我们的"专利"，机器也可以。例如，和朋友视频，手机会传出朋友的声音；使用导航功能，手机会发出语音提示；使用听书软件，手机可以把小说读出来等。

和朋友视频

使用导航功能

使用听书软件

机器发出声音的方式有两种。

第一种方式是使用机器将我们的声音录制下来，当需要时再播放出来，机器就像搬运工一样，只是将声音搬运了一次。该方式具体过程如下：首先我们将自己的声音通过麦克风传给机器，机器会将声音捕捉下来；然后将其转化为另一种存储模式——波形图模式，我们的声音就这样被保存到机器中了。当需要播放我们的声音时，机器会将声音波形图传送给输出设备，输出设备将该波形图还原为声音播放出来。我们平时听歌、看电视、视频聊天等都是采用这种方式。

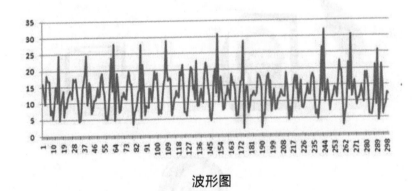

波形图

第二种方式是人工智能中的语音合成技术。与第一种方式不同，语音合成技术不需要对声音进行录制，是通过电子和机械技术将人类的语音进行合成。语音合成技术的核心是将机器自己产生的或外部输入的文字信息转变为我们可以听得懂的、流利的口语然后输出。比如听书软件、手机导航、站点提示等，可以在任何时候将任意文本转换成具有高自然度的语音，从而真正实现让机器"像人一样开口说话"。

语音合成技术的研究经历了 200 多年，国内的汉语语

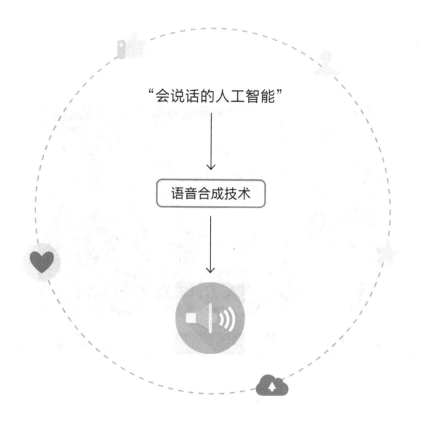

音合成的研究起步较晚，但自 20 世纪 80 年代初就与国际上的研究基本同步。在国家 863 计划、国家自然科学基金委员会、国家攻关计划、中国科学院等有关机构和项目的支持下，合成汉语普通话的可懂性、清晰度达到了很高的水平，然而合成句子或大段语音时声音缺乏感情，其自然度还不能达到用户可广泛接受的程度，从而制约了这项技术大规模进入市场。随着计算机技术和数字信号技术的发展，语音合成技术也随之成熟。近代的语音合成技术已经成功向产业化方向迈进，被大规模使用指日可待。

语音合成技术被大规模应用

语音合成技术的应用随处可见，坐地铁到站前会有语音提示播报站点，并提醒乘客下车小心，其实温馨的提示音就使用了语音合成技术。在没有使用语音合成技术时，语音提示是工作人员提前录制好的，然后按照顺序播放即可。强大的语音合成技术，与定位技术结合起来就可以自动获取站点名称并进行语音播报，与此同时还会在 LED 屏幕上显示提示信息，给乘客带来更好的服务。

 六 解密语音合成技术

上一节我们介绍了什么是语音合成技术及语音合成技术的常见应用。本节我们将继续探索语音合成技术，看看它是怎么做到将文字转化为语音并让机器说出来的。

在遇到生字的时候，我们一般会采用查字典的方法给这个生字标上拼音，标上拼音后我们就可以准确地将该生字读出来了。对于机器来说，任何一个文字都是机器不认

识的，它也会像我们一样靠"拼音"来读。

汉语是一种有声调的语言，它的韵律特征非常复杂，而且汉语中还有很多的多音字，同一个字在不同的语境下读音是不同的，所以将文字转化为拼音的时候需要机器对文字信息进行处理，包括词语切分、语法分析和语义分析等。处理后计算机才能完全理解输入的文本，这

时才可以进行文字到拼音的转换。

计算机通过转化器将文字转换为拼音。拼音对于机器来说也是陌生的，好在机器有三个"帮手"。一个是"声

语音合成三大帮手

母发声器"，一个是"韵母发声器"，还有一个是"语音合成器"。

顾名思义，"声母发声器"会发出声母的音，"韵母发声器"会发出韵母的音。光发出声母和韵母的音还不够，机器需要使用"语音合成器"将声母和韵母的音组合起来，并且将句子的韵律按照一定的韵律规则进行调整，得到符合当前语言环境的语句，这样就可以把冰冷的文字转换为富有感情的语音了。

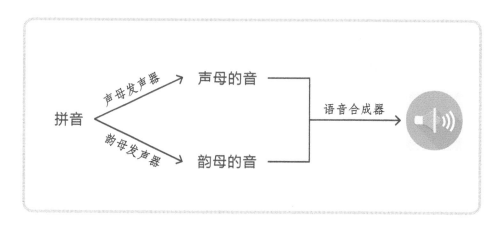

如果你想尝试实现这样的功能，可以使用 Simba 在线图形化编程软件。

可以在 Simba 左侧的功能模块中，选择＜语音＞功能，拖曳  到中间的编程区域。

在 模块里，把"你好"替换成你想要说的内容，替换后，用鼠标左键单击这个模块，就会听到相应的语音。

七　人工智能，会说又会听（一）

目前语音助手被广泛应用，如苹果公司的 Siri、华为公司的小 E、微软公司的小娜等。语音助手不仅可以给我们提供帮助，还可以作为无聊时逗趣的对象，聊天时它不经意间的一句话可能会逗得我们哈哈大笑。语音助手能够听懂我们的话得益于一项人工智能技术——语音识别技术。语音合成让机器开口说话，语音识别让机器拥有听觉。机器有了这两样本领，就可以像我们的朋友一样和我们聊天了。

语音识别的研究工作已经开展了很长时间，甚至早在计算机发明之前，关于语音识别的设想就已经被提上了日程。早期的声码器可以被认为是语音识别的雏形，而1920年生产的"Radio Rex"玩具狗可能是最早的语音识别器，当有人喊"Rex"的时候，这只狗能从底座上弹出来。

后来人们发现它所用到的技术并不是真正的语音识

别。它的奥秘在于一根弹簧，这个弹簧在接收到 500 赫兹的声音时会自动释放，而"Rex"发音的第一个音正好是 500 赫兹。

"Radio Rex"玩具狗背后的弹簧

第一个真正使用语音识别技术的电子系统出现在 1952 年。1952 年贝尔实验室开发出一款名为 Audrey 的语音识别系统，能够识别 10 个英文数字，而且它的正确率高达

98%。1960 年，语音识别技术只能识别几个孤立的词语或是仅包含少量词汇的句子。在 1980 年语音识别实现了技术上的突破，美国国防部高级研究计划局支持了一大批语音识别的研究项目。1990 年到 2000 年，语音识别技术迎来了产品化阶段，语音识别的产品开始出现在家电、汽车等领域。IBM 公司推出了 Via-Voice 系统，该系统可以实现语音输入功能，只要对着话筒喊出要输入的字符，该系统就会自动判断并且将字符输入到计算机中。2010 年以后，语音识别进入了快速应用阶段，识别量已经超过 1000 万，而且正确率可以达到 70%~100%。

八　人工智能，会说又会听（二）

大家已经知道了什么是语音合成及语音合成是怎样一步一步发展起来的。那语音合成又是如何让机器拥有"听觉"并且回答我们的问题呢？

人们一直梦想着可以和机器进行语音交流，也希望机器能明白人类说的是什么。想要实现这一目标，需要语音合成技术和语音识别技术之间的相互配合。语音识别技术可以让机器通过识别过程和理解过程把语音信号转变为相应的文本或命令。

机器识别人类语言的过程大致如下：首先机器会检测到人类所说的话，然后使用语音识别技术将检测到的语音转化为文字，再让机器理解这些文字，这样机器就可以听懂人类的语言了。

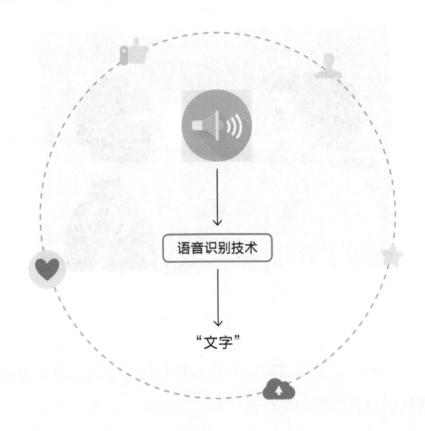

通过观察流程图我们可以发现，语音合成与语音识别

的过程刚好相反：语音合成让机器开口说话，它把文字转化为语音，让机器说出来；语音识别让机器拥有"听觉"，把语音转化为文字，让机器听得懂。

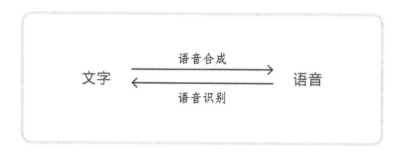

语音识别根据识别对象的不同进行分类，可以分为单个词识别、关键词识别和连续语音识别。单个词识别只识别事先已经知道的词，如使用"Siri""小度"等来

语音输入 ◄

► 语音唤醒

唤醒机器，或使用"开机""关机"下达指令。关键词识别是识别几个特定词语在一段话中的位置，并不是识别出整段话，如检测一段话中是否有"需要"或"不需要"这两个词。连续语音识别是识别一句话或一大段句子，如进行语音输入或与机器进行语音聊天。

根据说话人的不同，还可以把语音识别技术分为特定人语音识别和通用语音识别，顾名思义，前者只能识别一个人或几个人的语音，后者可以识别大多数人的语音，明显通用语音识别有更宽广的应用空间，但是实现起来却困难得多。

现在语音识别技术被广泛应用，有自然、高效的语音输入，有为我们提供便利的语音助手，有方便快捷的语音控制，有省心省力的智能家居，有与孩子相伴的升空玩具等。

解密语音识别（一）

现在小朋友们知道了语音识别会把我们的声音转化为文字，也知道了它和语音合成是一对孪生兄弟。但语音识别是如何一步一步地把声音转化为文字的呢？我们一起来破解其中的秘密吧！

语音识别的过程分为准备阶段和正式阶段，我们先来看看在准备阶段语音识别需要完成哪些任务。

　　首先需要打开语音识别设备，当我们对着语音识别设备说话时，机器就开始工作了。它会检测到我们的声音，并把声音信号转化为波形图进行存储，这与机器录制我们声音的步骤完全一样。

　　此时机器获取到了包含我们声音信息的波形图。大多数情况下，我们无法保证与机器交流时周围环境的绝对安静，所以波形图中除了包含我们的声音信息外还包含很多杂音信息，如关门声或机器运转时的声音。语音识别技术可以分辨出哪些声音是不需要的，并且把这些杂音信息去掉，留下需要的声音信息，这一步叫作声音的预处理。预处理之后语音识别技术会对波形图中包含的声音信息进行进一步的分析处理。

- -

　　声音是由物体的振动产生。声音有三个主要的属性，分别是音调、音色和音量。

- -

　　音调：表示声音的高低。物体振动的快慢决定音调的高低，物体振动得越快，发出声音的音调就越高；振动得越慢，发出声音的音调就越低。通常我们把轻、短、细的声音叫作高音；把重、长、粗的声音叫作低音。一般来说小孩子的声音是高音，成年男子的声音是低音。

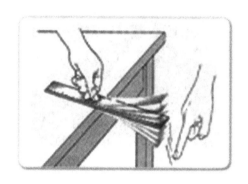

在 Simba 左侧的功能模块中，选择 < 语音 > 功能，拖曳到中间的编程区域。

单击这个模块中人物项目右侧的下拉按钮，你会发现有 5 种不同的音色，可以自己尝试一下更换音色，感受不同音色的效果。

音色：不同的发声体由于其材料和结构的差异，发出声音的音色也不同。钢琴和小提琴演奏的声音不一样，爸爸和妈妈说话的声音不一样，平底鞋和高跟鞋走路的声音不一样，麻雀和夜莺啼叫的声音也不一样……

音量：简单地说，就是我们平时所说的声音的大小。如在家看电视或玩手机时我们调节音量，过年放鞭炮时我们会捂上耳朵。

声音的传播需要物质，这个物质可以是气体、液体或固体。在专业领域，这种物质叫作介质。声音在不同介质

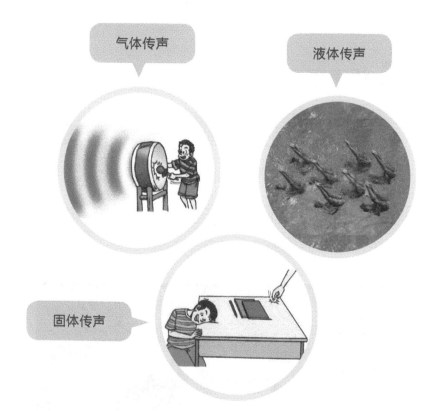

气体传声

液体传声

固体传声

中传播的速度是不一样的，研究表明声音在固体中的传播速度最快，在水中其次，在空气中的传播速度最慢。真空中没有介质，所以声音无法在真空中传播。

在远处可以听到鼓槌击鼓，这是因为声音可以在气体中传播；花样游泳队员在水下根据旋律做出整齐的动作，这是因为声音可以在液体中传播；耳朵紧贴桌面，可以清晰地听到手指敲击桌面的声音，这是因为声音可以在固体中传播。

解密语音识别（二）

我们已经知道了语音识别预处理阶段需要完成的任务，经过预处理阶段机器得到的是一段"干净"的语音信号。语音识别的工作是把语音转换为文字，那它是如何把预处理后的语音信号转化为文字的呢？

语音识别技术会将该语音信号进行分解，分解为最小的语音单位——音素。这些音素会按照我们的日常习惯用

语，匹配成音节，音节就是小朋友们熟悉的拼音。然后拼音会转化为汉字，汉字也会按照我们的日常习惯用语匹配成词语，词语再匹配为句子，这样语音识别技术就把一段语音转换为文字了，语音识别的任务圆满完成。

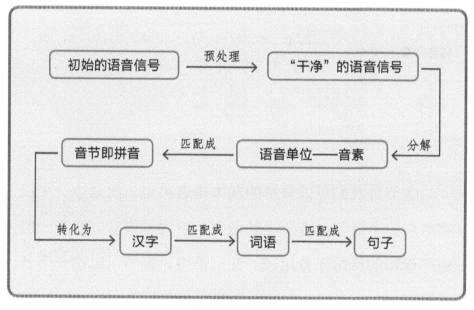

语音识别流程图

音素是最小的语音单位。汉语中有 32 个音素，如下表所示。

音　素	
元音音素（10个）	a、o、e、ê、i、u、ü、-i['] (前 i) 、-i[ι] (后 i) 、er
辅音音素（22个）	b、p、m、f、z、c、s、d、t、n、l、zh、ch、sh、r、j、q、x、g、k、h、ng

　　音节是我们可以分辨的基本语音单位。汉语中一个汉字对应一个音节，音节也就是我们所说的拼音。音节一般由声母和韵母两部分组成。在汉语中，音节可以由一个音素组成，如 a（啊）；也可以由两个音素组成，如 gu（故）；

也可以由三个音素组成，如 gai（盖）、zhang（章）；最多可以由四个音素如 lian（脸）、chuang（床）等。

在 Simba 左侧的功能模块中，选择 < 语音 > 功能，拖曳 `语音合成 内容 你好 语速: 1 ▾ 音调: 1 ▾ 人物: 女声 ▾` 和 `手动识别开始 时长: 1秒 ▾ 语言: 普通话 ▾` 到中间的编程区域。

如果想做一个复述你说话的语音识别指令，就要思考一下，这个指令完成的步骤如下。

首先需要计算机听到这个指令并识别语音，然后再让计算机把刚刚识别的语音用扬声器播放出来。

在这个过程中，计算机要把处理好的语音存储起来，在使用时再调用，这时候你会用到 `语音识别结果` 模块。

按照刚才设计的程序逻辑拖曳相应的模块后，会得到下面的程序。

```
手动识别开始 时长: 1秒 ▾ 语言: 普通话 ▾
语音合成 内容: 语音识别结果 语速: 1 ▾ 音调: 1 ▾ 人物: 女声 ▾
```

如果你感觉自己没有听清，可以在 < 语音 > 功能中，找到 `语音识别结果` 模块的位置，

选中它前面的小框 `☑ 语音识别结果`，这时在舞台的左上角就可以查看语音识别结果的文字版了。

语音识别结果

介绍语音识别技术的应用，就不得不提大名鼎鼎的超级计算机——沃森。超级计算机"沃森"由 IBM 公司和美国德克萨斯大学共同研制，前后用了四年的时间开发出来。沃森拥有海量的数据和一套逻辑推理程序，可以推理出它

认为最正确的答案。IBM 开发沃森是为了要建造一个与人类回答问题的能力相匹敌、并能使用人类的语言回答问题的计算机系统。

2011 年 2 月，沃森参加了美国智力问答竞赛节目《危险边缘》并获得冠军。节目中，沃森及其他参赛选手需要在主持人对问题进行描述后快速抢答，这要求参赛者具备历史、文学、政治、科学和通俗文化等知识，并且会解析隐晦含义、反讽、谜语等。沃森的成功表明了机器可以理解人类复杂的语言和人类丰富的知识，今后我们会在越来越多的场景看到语音识别大展身手。

十一　让机器理解人类的语言

　　随着智能手机的普及，小朋友们或多或少都有与手机助手对话的经历。大多数情况下手机助手都能对答如流，它不但可以回答我们的问题，偶尔还会讲几个笑话逗我们开心。语音识别技术让机器拥有"听觉"，却不能让它理解我们说的话。想让机器理解我们说的话需要另外一门技术，它就是自然语言处理技术。

　　在介绍自然语言处理技术之前小朋友们需要了解一下自然语言的概念，我们日常交流所使用的语言就是自然语

言，如汉语、英语、德语等都是自然语言。自然语言中包含很多词汇，这些词汇会随着说话情景的不同表现出不同的含义，这是自然语言的一项基本特征，这也是机器理解自然语言的一大难点。在人工智能领域，实现机器理解自然语言文本意义的技术叫作自然语言处理技术。

如果没有自然语言处理技术，机器与人交流可能会出现很多问题，因为机器只能处理程序设计中包含的对话，这些对话都是事先设计好的，就像拍电影时使用的剧本一

样。如果我们问了机器一个"剧本"以外的问题,机器就不知道该如何回答了。

有了自然语言处理技术,机器与人类进行交流时不再依靠"剧本",因为它现在可以理解人类的语言,明白人类的意图,它会选择最恰当的答案回复人类,实现人类与机器之间的无障碍交流。

人类与机器之间进行无障碍的交流是一件有实际意义和理论意义的事,如果可以实现,人类将不再需要花费大

量的时间和精力去学习计算机语言，就可以设计和控制机器；反过来机器也会帮助人类进一步了解人类智能的奥秘。所以让机器理解我们说的话是科学家们一直在追求的目标。

　　想要实现这个目标有很大难度，因为自然语言词汇量大，语句结构复杂，自然语言存在歧义性及多义性。同样的语句在不同的对话环境下可能是不同的意思，如"小狗想吃骨头，因为它饿了"和"小狗想吃骨头，因为它太香了"中的"它"分别指代小狗和骨头。只有了解小狗和骨头的特点，才能正确区分出"它"指的是什么。

十二　解密自然语言处理

自然语言处理让机器有了理解人类语言的能力，让人机对话成为现实。人类语言那么复杂，机器是如何做到听到人类的语言就可以理解其中含义的呢？接下来为大家解密自然语言处理的秘密，看看机器是如何理解人类语言的。

机器理解人类语言分为两个层面，单词层面和句子层面。小朋友们学习外语时，遇到看不懂的句子会把这句话分解为词语，然后查阅词典弄清楚每个词语的含义，再把

它们拼接起来，大致就能明白这句话的含义了。机器也是这样，它也会把句子分解为单词，通过单词来理解整句话的意思。这是自然语言处理技术采用的方法。

分词——中文分词

中文分词：

· 江州市长江大桥参加了长江大桥的通车仪式

· 江州市／长江大桥／参加／了／长江大桥／的／通车／仪式 ？
· 江州／市长／江大桥／参加／了／长江大桥／的／通车／仪式 ？

· 乒乓球拍卖完了

· 乒乓球／拍卖／完／了 ？
· 乒乓／球拍／卖／完／了 ？

· 中国人民银行：中国／国人／人民／银行
· 有X用？和没X用居然是一个意思！

机器将句子分解为单词

当然，仅仅明白句子中每个词语的意思还不够，还需要考虑句子层面的问题。无论是英语还是汉语，句子都有固定的结构，所以机器在进行翻译的时候还要注意句子结构和词语搭配，将句子中词语的语序进行适当地调整。这

一点在机器翻译的时候最为明显，如英汉互译。

除了句子结构外，语境也是一个很重要的影响因素。同一个词语在不同的语境中有不同的含义，这一点在汉语中表现得尤为明显。例如："怎么处理这些难题？"与"积压的货物需要尽快地处理掉"，这两个句子中"处理"分别表示解决和降价出售的含义。

自然语言处理是如何做到消除歧义的呢？以"怎么处理这些难题？"为例，它会找到和"处理"搭配在一起的词语，也就是"难题"，然后再看有哪些词语常常和"难题"

搭配，如"解决""搞定""破解"等，说明"处理"和"解决""搞定""破解"有着相近的含义，从而消除歧义。

自然语言处理在很多方面都有应用，机器翻译就是其中之一。机器翻译，又称为自动翻译，它可以帮助我们将一种自然语言（源语言）转换为另一种自然语言（目

标语言）。国内外在机器翻译领域都有比较成熟的产品，如百度翻译、有道词典、Google 翻译等。

自然语言处理可以应用在情感分析领域。情感分析对于帮助我们了解某段文字包含的主要情感是积极的还是消极的有很大作用。如在美食点评及电商网站中，用户可以参考其他顾客对美食及商品的评价，做出更合适的选择。

商品评价

好评度
99%

| 流畅至极(888) | 方便好用(867) | 反应超快(833) | 使用舒适(516) | 清晰度高(446) |
| 大小适宜(270) | 高端大气(233) | 手感一流(224) | 性能一流(178) | 续航出色(153) |

全部评价(119万+)　晒图(500)　视频晒单(4200+)　追评(6200+)　好评(118万+)　中评(2900+)　差评(5500+)

自然语言处理还可以用于问答系统中。问答系统在电商网站中具有实际应用价值，可以用来充当智能客服，回答客户问题。因为很多基本的问题其实并不需要人工客服来解决，如商品质量投诉、商品基本信息查询等。通过这种智能问答系统，可以排除掉大量一般性问题，从而节省大量人工成本。

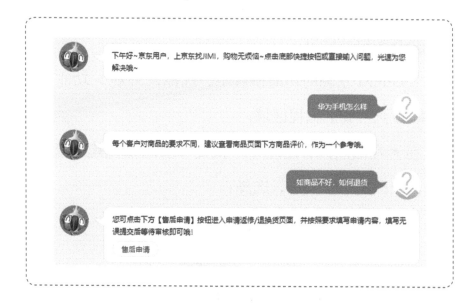

有时候修改病句、错别字很麻烦，如果用人工智能中的自然语言处理功能来做这件事会怎样呢？

我们让计算机来纠错这句话：

liǔ zhōu yòu míng xiǎo chī luó shī fěn
柳州又名小吃螺狮粉

在 Simba 左侧的功能模块中，选择 < 自然语言处理 > 功能，拖曳 到中间的编程区域，在中间空白的区域里，输入：

liǔ zhōu yòu míng xiǎo chī luó shī fěn
柳州又名小吃螺狮粉

这段指令虽然可以给语句纠错，但是我们没法看到纠错的结果，这时需要在软件中做一个简单的交互功能，来显示最后纠错的结果。

在 Simba 左侧的功能模块中，选择 < 外观 > 功能，拖曳  到中间的编程区域。

在 < 在自然语言处理 > 中拖曳 ，并单击上面的下拉按钮，选择：

把整个模块拖到 < 思考 > 模块的空白里。

最后的程序如下。

编写好后，用鼠标左键单击这组模块，你会在右侧舞台区看到它的处理结果。

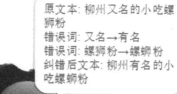

原文本: 柳州又名的小吃螺狮粉
错误词: 又名→有名
错误词: 螺狮粉→螺蛳粉
纠错后文本: 柳州有名的小吃螺蛳粉

最后的修改结果是：

liǔ zhōu yǒu míng xiǎo chī luó sī fěn
柳州有名小吃螺蛳粉

 人脸识别，让机器认识你和我

　　小朋友们有没有见过以下场景：将脸部对准手机的摄像头，手机会自动解锁；扫描脸部不输密码就能进入重要软件。在这些场景中，手机好像认识我们一样，可以轻松分辨出哪个是它的主人，这就是人脸识别的神奇之处，它可以让机器认识你和我。

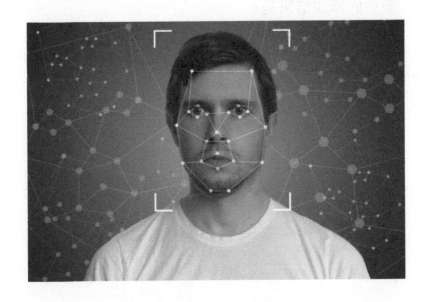

　　人脸识别，是基于人的脸部特征信息进行身份识别的一种生物识别技术。用摄像头采集包含人脸的图像或视频，

并自动在图像中检测人脸，进而对检测到的人脸进行脸部识别的一系列相关技术，通常也叫作人像识别、面部识别。

所谓生物识别技术就是，通过计算机与其他高科技手段的密切结合，利用人体特有的生理特性（如指纹、指静脉、人脸、虹膜等）和行为特征（如笔迹、声音、步态等）进行个人身份鉴定的技术。

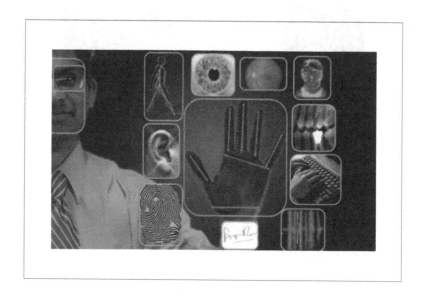

由于人体特征具有唯一性，所以用人体特征作为密码无法复制、失窃或遗忘，这使得生物识别技术具备安全、

可靠、准确的特点。生物识别技术通常借助现代计算机技术实现，与计算机配合可以实现自动化管理。

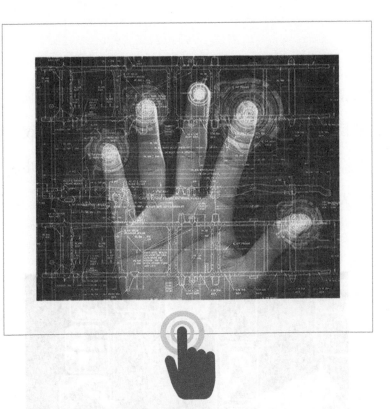

人脸识别系统的研究开始于 20 世纪 60 年代，最初利用人脸的几何结构，即仅仅通过人脸各个器官间的位置和距离进行辨识。这种方法简单直观，但是人脸的姿态、表情一旦发生了变化，准确度就会严重下降。

20 世纪 80 年代后，随着计算机技术和光学技术的快速发展，人脸识别技术得到了提高。20 世纪 90 年代后期是人脸识别的初级应用阶段，美国、德国和日本的技术最为先进；现如今一些人脸识别技术的识别精度已经超过人类的平均水平，对于高质量的人脸图像，机器识别的精确度几乎达到百分之百。

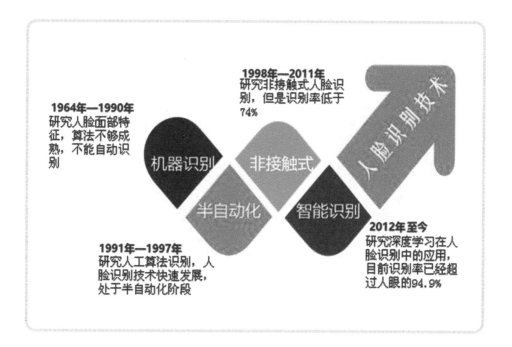

我国在人脸识别领域的探究虽然起步相对较晚，但是进展迅速，很多机构、高校和企业都成立了人脸识别技术研究小组，而且也取得了一定的成果。其中由中科院科研

人员历时一年研发出来的人脸识别系统曾被应用到奥运安保中，实现了对门票持有者进行人员身份识别。我国的人脸识别技术正处于高速发展时期，在识别率和识别速度上也达到了举世瞩目的水平。

十四 解密人脸识别

现如今，人脸识别技术已经有了广泛的应用，奥运会场检票、小区入口安保、智能手机解锁等都能发现人脸识别的影子。人脸识别是怎么实现让机器记住我们并可以精确分辨出来的呢？

人脸识别大体上分为四个步骤：人脸图像采集、人脸图像预处理、人脸图像特征提取和人脸图像匹配。

人脸图像采集。当用户在采集设备的拍摄范围内，采集设备会自动搜索并拍摄用户的人脸图像。处在不同位置、拥有不同表情的人脸图像都能通过摄像头采集下来。

人脸图像预处理是对人脸图像采集的结果进行处理。由于受到光线、妆饰等条件的影响，人脸识别系统获取的原始图像往往不能直接使用，必须在早期阶段对它进行光

线补偿、灰度变换、滤波及锐化等处理。

　　人脸图像特征提取，也称人脸表征。该步骤的主要任务是用数据将预处理后的人脸图像进行描述或表示。数据包括脸上各个主要器官的形状、彼此间的距离，甚至毛孔的位置、皱纹的深浅等都会记录在内。此时数据库中就有了我们的脸部数据，机器就是凭借这些数据精确辨识我们

每一个人的。

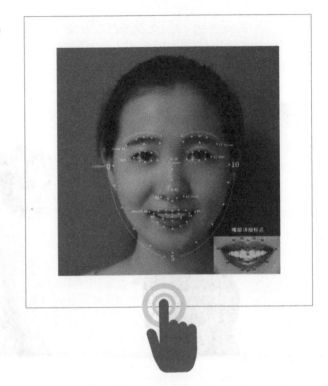

　　每次使用人脸识别系统时系统都会重复前三个步骤，机器会把新收集到的数据与已有的数据进行比对，当相似度超过某个特定数值时则认为匹配成功，这就完成了人脸图像匹配。

- -

　　人脸识别系统会提前录入相关人员的脸部信息，当陌生人使用人脸识别系统时，由于他的脸部数据并没有被保存在系统中，所以比对时相似度不会超过特定数值，从而无法识别人脸。

在 Simba 左侧的功能模块中，选择 < 人脸识别 > 功能，拖曳 人脸检测开始 到中间的编程区域，这时计算机就会运行各种关于人脸识别的算法。

若想知道自己的颜值是多少，你还需要制作一个简答的交互程序。

在 Simba 左侧的功能模块中，选择 < 外观 > 功能，拖曳 思考 嗯…… 到中间的编程区域。

在 < 人脸识别 > 中拖曳 识别结果: 人脸数量 ▼ ，并单击上面的下拉按钮，选择：

并把整个模块拖到 < 思考 > 模块的空白里。

最后的程序如下。

人脸检测开始
思考 识别结果: 颜值 ▾

编写好后，用鼠标左键单击这组模块，你会在右侧舞台区看到它的处理结果。

数值越高说明你的颜值越高，结果只是一个娱乐，别太在意！

十五　文字识别，让机器识文断字

　　文字是我们用来记录、交流或承载语言的工具。人工智能让机器拥有听觉、视觉，同时赋予它们说话、学习的能力。那人工智能可以让机器识别我们的文字吗？答案是可以，有了文字识别技术，机器就能像人一样识文断字。

　　文字识别，是一项可以简化人们生活的重要技术。日常生活中，人们要处理大量的报表和文本，为了减少工作量，提高工作效率，人们开始研究文字识别技术。文字识

别技术可以自动识别出图片中的文字并保存下来，其速度和准确度都远超人类。

印刷体文字识别是开展最早的，也是最成熟的。早在1929 年，欧美国家就使用文字识别技术处理大量的文件和报表。经过多年的发展和完善，文字识别技术更加成熟。

---

20 世纪50 年代初，科学家便开始探讨识别文字的方法，并研制出了光学字符识别器。20 世纪 60 年代出现了采用磁性墨水识别特殊字体的实用机器。

---

20 世纪 60 年代后期，出现了多种字体和手写体文字识别机，其识别精度和机器性能基本上都能满足要求。如用于信函分拣的手写体数字识别机和印刷体英文数字识别机。

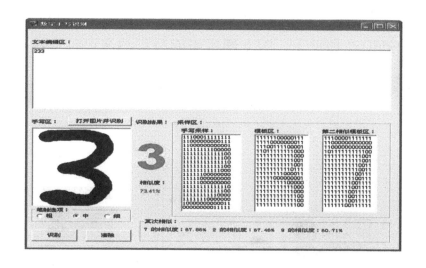

我国对印刷体汉字识别的研究开始于 20 世纪 70 年代末，至今已有近 40 年的历史。1979 年至 1985 年，在对数字、英文、符号识别研究的基础上，国内研究人员对汉字识别方法进行了探索。1986 年初至 1988 年底是汉字识别技术研究的高潮期，这一时期国内的文字识别技术已经可以识别宋体、仿宋体、黑体和楷体，识别的字数达到 6763 个，识别率高达 99.5% 以上。但对手写文本的识别率并不高。

1989 年至今，我国的印刷体汉字识别技术已经达到国际最前沿，并占据着很大的市场份额。目前，印刷体汉字

识别技术的研究热点已经从单纯的文字识别转移到了表格的自动识别与录入、图文混排版面分析与多语种混排版面分析、名片识别、金融票据识别和古籍识别等应用上。

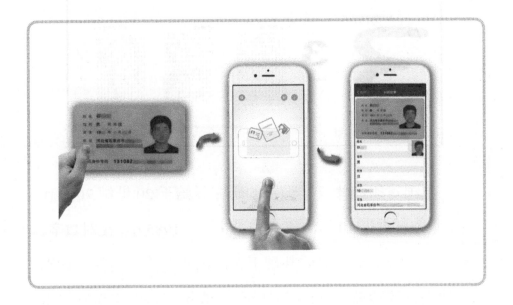

十六　解密文字识别

　　不同的国家有不同的文字，我们只有经过学习才能看懂其他国家的文字，否则这些文字对于我们来说只是一些奇怪的符号，从图片中将这些文字识别出来更是难上加难。可想而知，每个国家的文字对计算机来说都只是符号的组合，那文字识别技术是怎么实现让机器识别出文字的呢？接下来让我们一同来了解文字识别的原理。

　　文字识别首先要获取包含文字的图片，这和人脸识别中的人脸图像采集类似。获取图片的方法包括拍照和扫描，这一步称为文字识别的图文输入。

　　为了得到更好的处理结果，文字识别也需要对获得的图片进行预处理，为后续操作做准备。首先计算机会扫描整张图片，找到包含文字的部分；然后进行灰度处理，即将彩色图片变成黑白图片，这样做更容易识别图片中的文字信息；最后一步是图片分割，把图片中的每一个文字都分割为一张小图片。

有了分割好的小图片就可以进行单字识别操作。首先我们需要在计算机中存储大量的文字，计算机会把小图片上的文字与存储在计算机中的文字进行对比，直到找到最相似的一个，这样我们就把图片中的文字转化为文本形式的文字了，也就完成了图片中文字的识别。

文字识别有着广泛的应用，如车牌自动识别、名片和身份证识别、快递包裹分拣等。

文字识别的应用之快递包裹分拣

随着国家对科学技术的支持与投入，我国的文字识别技术已经进入实际应用的成熟阶段。但和发达国家相比，文字识别的应用还不够广泛。相信用不了多久，小朋友们就可以在各行各业中见到文字识别的应用了。

在 Simba 左侧的功能模块中，选择 < 文字识别 > 功能，拖曳 `通用文字识别开始 语言为：中英文混合 ▾` 到中间的编程区域。

若想知道文字识别的结果，你还需要制作一个简答的交互程序。

在 Simba 左侧的功能模块中，选择 < 外观 > 功能，拖曳 `思考 嗯……` 到中间的编程区域。

在 < 文字识别 > 中拖曳 `文字识别结果` 并把整个模块拖到 < 思考 > 模块的空白里。

最后的程序如下。

通用文字识别开始 语言为：中英文混合 ▾

思考 文字识别结果

编写好后，用鼠标左键单击这组模块，你会在右侧舞台区看到它的处理结果。

当然你还可以使用特殊的文字识别功能，来识别身份证、车牌号等。

赶快自己试一下吧！

十七 走进机器人的世界

　　说起机器人，小朋友们的脑海中会浮现出很多身影，如擎天柱、大白、哆啦A梦等。它们有的威猛霸气，有的善解人意，有的身怀绝技……不过上面提到的这些机器人都是人们想象出来的。接下来，让我们一同回到现实世界，看看日常生活中的机器人是什么样子的。

汽车人领袖——擎天柱

机器人是自动执行工作的机器装置。它既可以受人类的直接指挥也可以按照预先设计的程序运行。它的任务是协助或代替人类做一些重复和危险的工作，为人们的生活带来了便利。

据我国文字记载，最早的机器人是三国时期诸葛亮设计出来用于搬运粮草的工具——"木牛流马"。它可以搬运 400 斤以上的粮草，不需人力驱动可自动行走。

历史上第一个人形机器人是由达·芬奇设计的机械骑士，它身穿一身中世纪盔甲，由风能或水能驱动，它可以做出摆动双手、摇头及张嘴的动作。

现代机器人广泛应用于工业、制造业和运输业，如焊接机器人、喷漆机器人及包裹分拣机器人等。还有一些用于太空探索和海洋开发，如月球车和水下机器人。

月球车——玉兔号

▶水下机器人——潜龙三号

　　从上面的图片可以看出，机器人并不都是人形的，凡是可以代替人类进行劳作的机器都是机器人。随着科学技术的发展，机器人产业越来越发达，同时也产生了一门专门研究机器人的学科——机器人学。

　　机器人学是一门综合性学科，它包含了机器人设计、机器人制造及机器人应用等分支学科，它也称机器人工程学。运动学、动力学和传感技术是与机器人学相关的学科，运动学研究的是机器人在不同的时间做什么样的动作和行为；动力学研究的是机器人如何完成当前的动作；传感技术可以让机器人感受到物体的轻重及温度、湿度等环境因素。

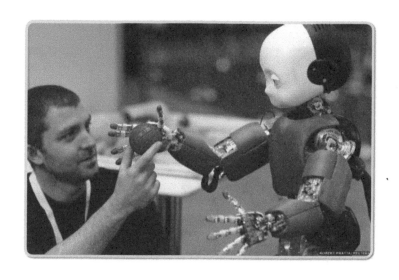

　　机器人学被如此重视，主要有三个方面的原因。一、机器人可以代替人类从事危险的工作；二、机器人可以代替人类从事繁重的工作；三、机器人可以从事人类无法完成的工作。所以机器人的研制工作一直是我国的工作重点。

- -

　　目前，机器人学发展到了智能机器人阶段，智能机

器人有着相当复杂的"大脑",并且身上带有多种传感器,可以综合分析由传感器得到的信息,从而自主安排接下来的任务。智能机器人主要应用在工业、农业和家庭陪护方面。

十八　出行新方式——无人驾驶

　　电影《机械公敌》中有这样一个片段：主角在飞驰的汽车上安心地工作，汽车在没有人为控制的情况下在车流中穿行。曾经只能出现在科幻电影中的情景，现在已经成为现实，这都要归功于人工智能中的一项新技术——无人驾驶技术。

　　无人驾驶汽车，也称为轮式移动机器人。它依靠汽车

搭载的多种器械之间的通力合作达到无人驾驶的目的。比如通过车载传感系统检测距离并测算速度；使用激光测距仪描绘附近的 3D 地图；依靠车载雷达检测道路环境和障碍,实现自主决定行车路线并控制车辆安全到达预定地点。

无人驾驶技术与人类自己驾驶相比更安全，可以有效减少交通事故的发生。

据统计，十起交通事故中约有九起是由驾驶员的错误操作导致的。与人类驾驶员相比，无人驾驶技术不会由于

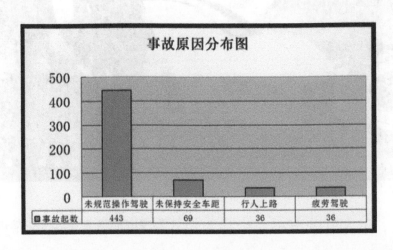

事故起数	未规范操作驾驶	未保持安全车距	行人上路	疲劳驾驶
	443	69	36	36

事故原因分布图

长时间驾驶变得疲劳，也不会由于饮酒或其他事物的干扰做出错误操作。总之，无人驾驶技术会一直以全神贯注的状态驾驶车辆并做出最准确的判断。

定位系统、环境感知和路径规划是无人驾驶技术的核心。无人驾驶汽车在行驶过程中需要知道自己处在什么位置，这样才能知道如何去往目的地，这需要由定位系统来实现。定位系统是指卫星定位系统，它由 24 颗环绕地球的卫星组成，卫星定位系统可以获取到地球上任何一点的经纬度和高度，可以给飞机、船舶及车辆指引方向。我国自主研发的卫星定位系统叫北斗卫星系统。

　　无人驾驶汽车通过环境感知获取周围环境信息，相当于环境感知赋予了汽车一双眼睛，让它可以看到周围的障碍物。环境感知的实现需要很多装置之间的配合，如摄像头、声波雷达、激光雷达等装置，它们会将交通信号灯、车辆和行人的位置，道路的宽窄等信息传输给车载计算机进行分析，从而得到一条正确、省时的行车路径。无人驾驶汽车也可以根据环境信息时刻调节行驶的速度和方向，保证行车安全。

　　起点和终点之间的连线我们称之为路径。路径规划就是要在许多条可选路径中找到一条合适的，这条路径可能

用时最短或车辆最少。

　　路径规划分为两种，全局路径规划和局部路径规划。全局路径规划指在全局范围内，规划出一条从当前位置到目的地的全局路径。局部路径规划指在局部范围内，根据当前周围的环境信息规划下一步的行驶路线。比如在变道、转弯及躲避障碍物时，实时规划出一条安全的行驶路线。

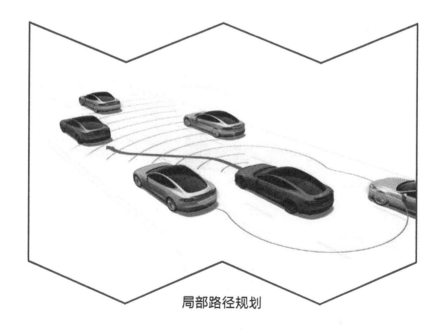

局部路径规划

十九　计算机的知识源泉——知识图谱

　　知识图谱，听起来是一个很高端的专业名词，其实它的本质就是一张图。这张图把每个知识点作为一个节点，知识点之间的关系作为连接这些节点的线，用这种方式把知识记录在图上。其实与知识图谱类似的图表在日常生活中经常会被用到，比如记录家族成员之间关系的家族族谱、梳理所学知识点的思维导图都和知识图谱类似。

知识图谱的优点有很多，它能让知识结构化，可以很清晰地标注出知识点之间的关联性，相对于存储在文本等其他类型载体中的知识来说，会让使用者（人类和计算机）更容易理解和接受。

对于使用知识图谱的人来说，知识图谱能帮助他们理解和记忆知识，因为图要比文字更加直观。在这方面，知识图谱类似于思维导图，只是各自的专注点略有不同。知识图谱更关注知识本身，而思维导图除了关注知识本身外，

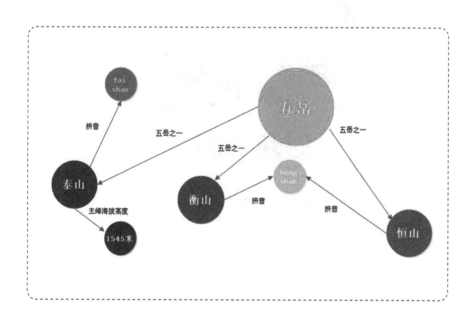

还包含了思维导图使用者的思路和记忆技巧。

对于使用知识图谱的计算机来说，知识图谱可以很好地保存数据及数据之间的关联，这种数据存储格式，能降低甚至消除用户通过计算机查找数据和计算数据时存在的难度，而且可以从数据中发掘出更多的有效信息。如使用

百度的搜索引擎可以很容易找到与搜索内容相关联的知识，帮助用户进一步查找到自己所需的内容。例如，搜索擎天柱可以看到与它相关的角色和游戏。

在人工智能领域，知识图谱相当于计算机的知识储备，拥有知识的机器会变得更加智能。

知识可以让机器具有认知能力。人工智能可以分为感知层和认知层，感知是人类和动物都有的能力，机器在这个方面可以比人类更强；但认知是人类专属的能力。目前，机器的感知能力已趋于成熟（如人脸识别比肉眼识别更精准），而认知能力还有很大的提升空间。知识可以让机器在感知能力的基础上形成认知能力。

知识可以让机器拥有智能决策的能力。当机器拥有足够多的知识后便会建立认知能力，并对世界有自己的理解，

进而就可以进行智能决策。如 AlphaGo，它下的每一步棋都是基于对围棋规则的认知及战胜对方的目标，它是真正意义上的动脑下棋。

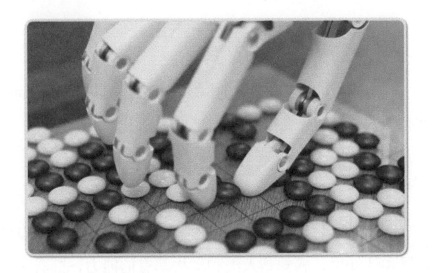

二十 人工智能中的专家——专家系统

　　小朋友们在生活中遇到自己解决不了的问题时，是不是特别希望身边有一位专家可以帮自己排忧解难？现在人工智能可以帮你实现这个愿望，它会派遣一位人工智能中的专家来帮助你，这就是"专家系统"。

　　专家系统其实是一个计算机程序系统，在它内部有大量某个领域专业的知识与经验，能够用来处理该领域问题。

也就是说，专家系统是一个具有大量的专门知识与经验的程序系统，它应用人工智能技术和计算机技术，根据某领域专家提供的知识和经验，进行推理和判断，模拟人类专家解决那些需要人类专家才能处理的复杂问题。

专家系统的基本工作流程是，用户通过计算机回答专家系统提出的若干个问题，然后计算机将用户输入的答案与计算机知识库中的信息进行匹配。最后，专家系统将根

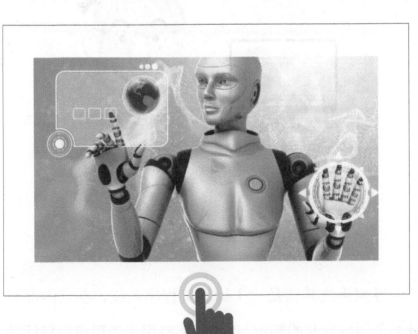

据匹配结果把得出的结论呈现给用户。这时用户就会得到专家系统提供的决策或答案。而且专家还会回答"为什么要向用户提出这些问题？"及"计算机是如何得出最终结论的？"

专家系统起源于 20 世纪 60 年代初，当时出现了运用逻辑学并模拟心理活动来解决通用问题的程序，它们可以证明定理和进行逻辑推理。但是这些程序无法解决大的实际问题，因此并不具备实用价值。1965 年，费根鲍姆等人在解决通用问题系统的基础上进行了多次尝试，研制出了第一个专家系统——dendral。dendral 具备化学领域的专业知识，可以推断出化学分子结构。

现在，专家系统已经应用到各个领域，如化学、数学、物理、医学、农业、气象、军事、工程技术、法律、经济等。其中不少专家系统已经达到甚至超过了同领域中人类专家的水平，在实际应用中获得了巨大的成功，同时在为普通百姓服务方面做出了巨大的贡献。

　　专家系统一般具有以下特征：具有专家水平的专门知识、能有效地推理、具有获取知识的能力、具有灵活性、具有透明性（当人们使用它的时候，不仅得到了正确的答案，而且还可以知道答案的依据）、具有交互性（既可以与专家对话获取知识，又可以与用户对话来回答用户的问题）、具有实用性、具有一定的复杂性及难度。

人工智能，改变人类未来

作为当下火爆的话题之一，人工智能正在被越来越多的人熟知，同时，人工智能也在渐渐渗透到寻常百姓家，影响着我们每个人的生活。随着人工智能的发展，许多专家开始忧虑未来的智能机器是会继续为我们人类服务还是会成为我们人类的敌人。

人们对于人工智能的担忧被不少导演搬上了荧幕，以电影的形式展现在人们眼前，其中就有著名的《黑客帝国》《机械姬》和《终结者》。

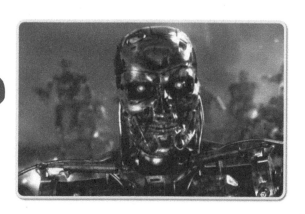

《终结者》

《机械姬》

人类对于人工智能所担忧的问题，主要涉及三个方面：一是家庭看护老人和小孩，二是军用自主机器人武器的发展，三是机器人会逐渐代替人类，使人类失业。

- -

现在的中年人由于工作关系不能长时间陪伴在老人和孩子身边，所以想依靠人工智能机器人看护家里的老人和孩子。与机器人短期接触可以提供愉悦的感受，可以在一定程度上缓解人们内心的孤独感。但是，长时间与机器人相处，可能会使孩子在成长过程中受到社会孤立，不会与人交往，由此产生心理问题。老年人长期完全置于机器人照顾之下也存在风险。老年人需要与人接触，更需要家人的陪护，这样才能从根本上使老年人感受到温暖。

　　机器人军事化应用也是人们所担心的问题。通常情况下，武器会在可控的条件下对敌人进行打击。军用机器人则不同，它们是在无人操控的情况下对目标进行攻击，如果机器的智能程度不高，它就很难辨别出哪个是敌人，哪个是无辜的平民。这样会大大增加无辜人员的伤亡，扩大战争带来的伤害。

　　机器人会逐渐代替人类，使人类失业，这是目前许多人都很担心的问题。因为随着人工智能的发展，机器人会变得越来越聪明，可以代替人类完成许多工作，甚至做得会比人类更好。这无疑会使越来越多的人走上失业的道路。美国著名综合文艺类杂志——《纽约客》在 2017 年 10 月 23 日的期刊上画了这样一幅封面：机器人代替人类成为社会主流，而人类只能靠向机器人乞讨度日。

　　为了防止人们担心的事情有一天会发生，著名科幻作家阿西莫夫在他的作品中提出了机器人三定律来制约机器人，保护人类。由于这三条定律逻辑严密，所以被大多数

作家乃至科学家认同。现在机器人三定律还会不时出现在科幻作品中，作为人工智能的安全准则。

第一定律：机器人不得伤害人类，或者目睹人类个体将遭受危险而袖手旁观。

第二定律：在满足第一条定律的前提下，机器人必须服从人类给它的命令。

第三定律：在不违反第一、第二定律的前提下，机器人要尽可能地保护自己。

英国剑桥大学著名物理学家，现代伟大的物理学家之一霍金曾发表演讲称："人工智能的崛起，要么是人类历

史上最好的事，要么是最糟的事。对于好坏我们仍无法确定，现在人类只能竭尽所能，确保人工智能的未来发展对人类和环境有利，别无选择。"现在我们距离智能机器人威胁到人类还有很远的距离，但是并不能掉以轻心，要像霍金说的那样，尽力使人工智能向对人类有利的方向发展，从而造福人类。

"青少年人工智能技术水平测试"
能力模型和能力要求

一、能力模型

　　青少年人工智能技术水平测试能力模型从对知识的综合应用、对问题的分析解决、对技术的熟练掌握等多个维度对学生的综合能力和综合素养进行评价。

　　青少年人工智能技术水平测试涵盖从工程到计算、从机器人到深度学习、从传感到控制等多学科知识，对学生多学科知识的综合运用的能力做出评价；通过对具体工程问题和科学问题的解决，对学生的工程思维、计算思维、创造性思维等能力做出评价；在具体的项目实施过程中，通过学生的动手操作，对学生对技术的掌握能力和运用能力做出评价。

1 知识层面
- a. 以搭建、结构为主的工程类基本知识掌握程度
- b. 以物理、数学为主的计算类基本知识掌握程度
- c. 以电子、控制、计算机为主的控制类知识掌握程度
- d. 对跨学科知识的综合应用
- e. 进行信息收集、筛选及判断的能力

2 思维及表达层面
- a. 在工程设计中思维导图的运用能力
- b. 数据分析及建立抽象模型的能力
- c. 计算思维在不同学科中应用的能力
- d. 辨别信息真伪、偏差及其是否全面的能力
- e. 建立跨学科知识和视野的能力
- f. 利用知识和创造力去创造性解决真实问题的能力
- g. 利用现有模型和数据进行推理的能力
- h. 将复杂问题及解决方案用简单图表和语言表达的能力

3 技术层面
- a. 应用各种工具的能力
- b. 信息技术应用及编程能力
- c. 设计草图及利用现有材料、知识进行实现的能力
- d. 在实际工程任务实施过程中对技术的综合应用能力
- e. 对理论分析与工程实践之中产生误差的分析能力

二、能力要求

启蒙级能够用语言或者绘画描述简单的平面图形和立体结构；
能够搭建简单的静态立体结构；
能够识别简单的电路元件；
能够使用绘图等方式表达程序设计中的顺序结构和循环结构。

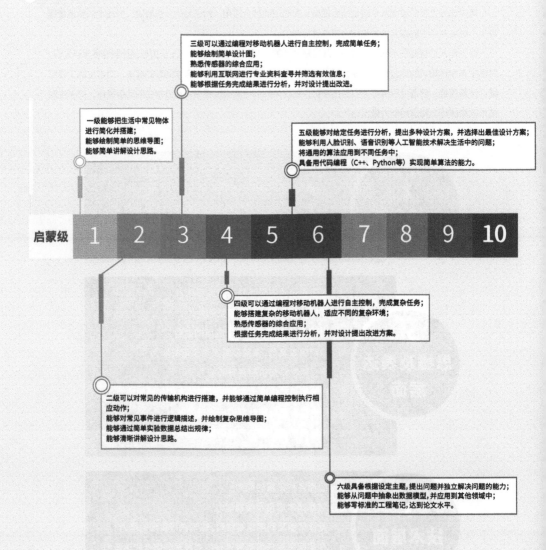

三级可以通过编程对移动机器人进行自主控制，完成简单任务；
能够绘制简单设计图；
熟悉传感器的综合应用；
能够利用互联网进行专业资料查寻并筛选有效信息；
能够根据任务完成结果进行分析，并对设计提出改进。

一级能够把生活中常见物体
进行简化并搭建；
能够绘制简单的思维导图；
能够简单讲解设计思路。

五级能够对给定任务进行分析，提出多种设计方案，并选择出最佳设计方案；
能够利用人脸识别、语音识别等人工智能技术解决生活中的问题；
将通用的算法应用到不同任务中；
具备用代码编程（C++、Python等）实现简单算法的能力。

启蒙级 1 2 3 4 5 6 7 8 9 10

四级可以通过编程对移动机器人进行自主控制，完成复杂任务；
能够搭建复杂的移动机器人，适应不同的复杂环境；
熟悉传感器的综合应用；
根据任务完成结果进行分析，并对设计提出改进方案。

二级可以对常见的传输机构进行搭建，并能够通过简单编程控制执行相
应动作；
能够对常见事件进行逻辑描述，并绘制复杂思维导图；
能够通过简单实验数据总结出规律；
能够清晰讲解设计思路。

六级具备根据设定主题，提出问题并独立解决问题的能力；
能够从问题中抽象出数据模型，并应用到其他领域中；
能够写标准的工程笔记，达到论文水平。